科学如此惊心动魄·数学③

幽灵城堡里的怪人

纸上魔方 著

吉林出版集团股份有限公司 | 全国百佳图书出版单位

图书在版编目（CIP）数据

幽灵城堡里的怪人 / 纸上魔方著. — 长春：吉林
出版集团股份有限公司，2018.3（2021.6重印）
（科学如此惊心动魄·数学）
ISBN 978-7-5581-2377-1

Ⅰ.①幽… Ⅱ.①纸… Ⅲ.①数学—儿童读物Ⅳ.
①O1-49

中国版本图书馆CIP数据核字(2017)第120267号

科学如此惊心动魄·数学③
YOULING CHENGBAO LI DE GUAIREN

幽灵城堡里的怪人

著　者：纸上魔方（电话：13521294990）
出版策划：孙　昶
项目统筹：孔庆梅
项目策划：于姝姝
责任编辑：姜婷婷
责任校对：徐巧智
出　　版：吉林出版集团股份有限公司（www.jlpg.cn）
　　　　　（长春市福祉大路5788号，邮政编码：130118）
发　　行：吉林出版集团译文图书经营有限公司
　　　　　（http://shop34896900.taobao.com）
电　　话：总编办 0431-81629909　　营销部 0431-81629880 / 81629881
印　　刷：三河市燕春印务有限公司
开　　本：720mm×1000mm　1/16
印　　张：8
字　　数：100千字
版　　次：2018年3月第1版
印　　次：2021年6月第4次印刷
书　　号：ISBN 978-7-5581-2377-1
定　　价：38.00元

印装错误请与承印厂联系　　电话：15350686777

前　言

四有：有妙赏，有哲思，有洞见，有超越。

妙赏：就是"赏妙"。妙就是事物的本质。

哲思：关注基本的、重大的、普遍的真理。关注演变，关注思想的更新。

洞见：要窥见事物内部的境界。

超越：就是让认识更上一层楼。

关于家长及孩子们最关心的问题："如何学科学，怎么学？"我只谈几个重要方面，而非全面论述。

1. 致广大而尽精微。

柏拉图说："我认为，只有当所有这些研究提高到彼此互相结合、互相关联的程度，并且能够对它们的相互关系得到一个总括的、成熟的看法时，我们的研究才算是有意义的，否则便是白费力气，毫无价值。"水泥和砖不是宏伟的建筑。在学习中，力争做到既有分析又有综合。在微观上重析理，明其幽微；在宏观上看结构，通其大义。

2. 循序渐进法。

按部就班地学习，它可以给你扎实的基础，这是做出创造性工作的开始。由浅入深，循序渐进，对基本概念、基本原理牢固掌握并熟练运用。切忌好高骛远、囫囵吞枣。

3. 以简驭繁。

笛卡尔是近代思想的开山祖师。他的方法大致可归结为两步：第一步是化繁为简，第二步是以简驭繁。化繁为简通常有两种方法：一是将复杂问题分解为简单问题，二是将一般问题特殊化。化繁为简这一步做得好，由简回归到繁，就容易了。

4. 验证与总结。

笛卡尔说："如果我在科学上发现了什么新的真理，我总可以说它们是建立在五六个已成功解决的问题上。"回顾一下你所做过的一切，看看困难的实质是什么，哪一步最关键，什么地方你还可以改进，这样久而久之，举一反三的本领就练出来了。

5. 刻苦努力。

不受一番冰霜苦，哪有梅花放清香？要记住，刻苦用功是读书有成的最基本的条件。古今中外，概莫能外。马克思说："在科学上是没有平坦的大道可走的，只有那些在崎岖的攀登上不畏劳苦的人，才有希望到达光辉的顶点。"

北京大学教授/百家讲坛讲师

张顺燕

阴险邪恶，小气，如果谁得罪了她，她就会想尽一切办法报复别人。她本来被咒语封了起来，然而在无意中被冒失鬼迪诺放了出来。获得自由之后，她发现丽莎的父亲就是当初将她封在石碑里面的人，于是为了报复，她便将丽莎的弟弟佩恩抓走了。

善良，聪明，在女巫被咒语封起来之前，被女巫强迫做了十几年的苦力。因为经常在女巫身边，所以它也学到了不少东西。后来因为贝吉塔(女巫)被封在石碑里面，就摆脱了她的控制。它经常做一些令人捧腹大笑的事情，但是到了关键时刻，也能表现出不小的智慧和勇气。它与丽莎共同合作，总会破解女巫设计的问题。

外号"安得烈家的胖子"，虎头虎脑，胆子特别大，力气也特别大，很有团队意识，经常为了保护伙伴而受伤。

丽莎

胆小，却很聪明心细，善于从小事情、小细节发现问题，找出线索，最终找出答案。每到关键时刻，她和克鲁德总会一起用智慧破解女巫设计的一个个问题。

迪诺

冒失鬼，好奇心特别强，总是想着去野外探险，做个伟大的探险家。就是因为想探险，他才在无意中将封在石碑里面的贝吉塔（女巫）放了出来。

班奈特

沉着冷静，很有头脑，同时也是几个人中年龄最大的。

佩恩

丽莎的弟弟，在迪诺将封在石碑里面的贝吉塔（女巫）放出来后，就被女巫抓走做了她的奴隶。

目 录

目 录

第一章

敬业的警察们

彼得他们走了很久，一直音信全无……我真担心梅琳坚持不到他们回来的那天。

没有消息就是最好的消息。他们去的是荒无人烟的沙漠，要找到地下湖肯定困难重重。距离忘情水毒性发作的期限还有段日子，你别太担心了。

数学侦探时刻：

福尔摩斯神探：小精灵，1296000这个数字你会读吗？

克鲁德：那个警察真是麻烦，直接说15大个就得了，为什么还要不辞辛苦地换算成秒？喂，神探，你这是用什么眼神看我？真以为我不会读啊？不就是个数吗，稍微大点儿而已！

小提示：

克鲁德小精灵：

1296000是万以上的大数。在万之上，依次是"十万""百万""千万"和"亿"……这些就叫作"计数单位"。

遇到大数，从左往右一级一级读，数位上是几就读几，中间不管有几个0，只读一个"零"，每一级末尾的0都不读。

所以这个大数的读法为：一百二十九万六千。

知识链接：

万以上的大数，计数单位与计数单位之间仍然是十进制，也就是10个一万是十万，10个十万是一百万，10个一百万是一千万，10个一千万是一亿。

不同的计数单位按照一定顺序排列，它们所占的位置就叫作数位。我们可以从个位开始整理数位顺序表，从右边起第一位是个位，第二位是十位，第三位是百位，第四位是千位，第五位是万位，第六位是十万位，第七位是百万位，第八位是千万位，第九位是亿位。

1296000这个数字，百万位上的1表示1个百万，十万位上的2表示两个十万，万位上的9表示9个一万。

第二章

亨利的反应

此时其他的病房里也传来一阵阵欢呼声，中了忘情水毒的女孩儿们相继醒来了。

好样儿的！你们是我们普斯镇的英雄！

太高了，好吓人！

我觉得他们可以换一种方式对英雄表达感谢，比如每家每户轮流请吃大餐！

克鲁德，拜托，不要用那种无辜的眼神看我，其实我也特别想吃肉！

哇一

丽莎，你怎么了？

丽莎，你哪里不舒服？

可能这些天太累了……没事，我休息一下就好了。

丽莎，你手臂上的这些斑点是什么时候出现的？

差点儿忘记了……在地下湖时就看到这些斑点了，像奇怪的符号。

数学侦探时刻：

福尔摩斯神探：小精灵，亨利说每克土壤含菌量达几十亿到几千亿，你知道那是多少吗？

克鲁德（抓抓脑壳）：有没有搞错！怎么你们都跟大数较上劲了？

小提示：

克鲁德小精灵：

在上一章里，我们学了万以上、亿以下的大数，而现在我们看到了亿以上的大数。亿指数目，一万万；亿万泛指极大的数目，亿万年形容无限长远的年代。

亿级上，除了亿位，还有十亿位，百亿位，千亿位。亿以上的数字从高位写起，先写亿级，再写万级，最后写个级。

知识链接：

其实，在我们的生活里，随处可见亿以上的数，比如：全球人口约6100000000（六十一亿）；构成一个人体需要500000000000000（五百万亿）个细胞；中国是世界上人口最多的国家，人口约有1300000000（十三亿）；世界上最大的海洋是太平洋，面积是179968000（一亿七千九百九十六万八千）平方千米；世界上最大的洲是亚洲，面积是4400（四千四百）万平方千米。

25

第三章
警察先生专业的判断

警察先生，你此刻应该好好地跟万分想念你的手下们聊聊天，没事老盯着我干吗？

迪诺，你是不是有什么事情瞒着大家？现在给你们注射的抗菌消炎药只能暂时缓解这种细菌的伤害，却无法根治。倘若不能及时找到解药……

你们将全身溃烂而死……所以，赶紧把你知道的事情都说出来吧！

亨利叔叔，你是说现在还不知道怎么治疗这种细菌感染？

这种细菌非常罕见，我现在只能根据你们的症状初步判断它很像一种尸毒……

亨利叔叔，这种尸毒会传染？那梅琳刚才握过我的手，岂不是会传染给她？

放心，我刚才已经用自己做过测试，这种尸毒不会通过皮肤接触而传染。

你的爸爸这位所谓远近闻名的医学教授也不过如此嘛，忘情水的毒解不了，尸毒也不会解……

迪诺，我命令你，立即把口袋里的东西掏出来！

你知道"老司机也会遇到新问题"这句话吗？这就是说，人类就是在一个发现新问题并解决新问题的过程中不断进步的。

数学侦探时刻：

福尔摩斯神探：迪诺和千年女尸呈0度角接触……小精灵，你给我们讲讲那是什么概念呗！

克鲁德(满脸兴奋)：你终于问到重点啦！哈哈！嘘！背后议论别人是很不礼貌的行为，千万别让迪诺听见……

小提示：

克鲁德小精灵：

有公共端点的两条射线组成的图形叫作角，公共端点叫角的顶点，两条射线叫角的边。平时画角时，只能将边画成两条线段，即用角的一部分来研究角。

知识链接：

　　角的第二种定义方法：角是由一条射线绕着它的端点旋转而成的图形。根据这种定义，我们得到两种特殊的角：平角和周角。绕着端点旋转，角的终边和始边成一直线，这时所成的角叫作平角。绕着端点旋转，角的终边和始边再次重合，这时所成的角叫作周角。

　　目前我们所研究的角是指大于0°小于180°的角。小于180°的角可以分成锐角、直角、钝角。

　　角的表示方法：

　　1.用三个大写字母表示：∠AOB(顶点写在中间)。

　　2.用一个大写字母表示：∠O(用顶点表示,该顶点处只有一个角)。

　　3.用一个希腊字母表示：∠α(用小弧圈在角中表示)。

　　角的度量：

　　把圆周分成360等份，每一份是1度，记作1°。

第四章

口袋里的秘密

难道这就是传说中的……雪颜丹？！迪诺，你从哪里找到的？！

不是我找到的，是它自己送上门来的。

我记起来了，你当时在古墓里表现得很反常……

难怪那个千年女尸保存得那么好，原来是嘴巴里含着这枚雪颜丹……

他们谁也没有注意到，此时窗外有个熟悉的身影一闪而过。

迪诺冒失地从女尸嘴里拿走了雪颜丹。失去雪颜丹的女尸迅速腐烂，细菌开始四处蔓延，大家身上的神秘符号就是中毒所致……

数学侦探时刻：

福尔摩斯神探：小精灵，怪人的那道数学题——一个三位数乘以一个两位数得4536。已经知道这个两位数是14，那么这个三位数是多少？你算出来了吗？

克鲁德（掰着手指）：别着急，我正在算……

小提示：

克鲁德小精灵：

三位数乘以两位数的计算方法：先用两位数的个位数去乘三位数的每一位数，所得到的积的末位与个位对齐。再用两位数的十位数乘三位数的每一位数，得到的积的末位与十位对齐。最后把两次所得的积加起来。

知识链接：

　　一个乘数不变，另一个乘数乘以几，积就乘以几。末尾有0的乘法，可以先把0前面的数相乘，再数出两个乘数的末尾共有几个0，就在积的末尾添几个0。

　　为了验证三位数乘以两位数算出的积是否正确，我们可以用积除以其中一个乘数来验算：怪人出的题目是一个三位数乘以一个两位数得4536，已经知道这个两位数是14，那么就用4536除以14，得出324。

　　二位数乘以两位数在我们的生活中有广泛应用。比如你从某城市乘坐火车去北京需要13个小时，火车每小时行驶256千米。你用速度乘以时间，就可以得出火车13个小时行驶的路程，也就是你出发的城市到北京的距离（3328千米）。

第五章

西亚沼泽

大家一定要留意青色的泥炭藓沼泽！水苔藓满布泥沼表面，看起来像草坪一样，却是最危险的陷阱！

大家尽量沿着有草生长的高地走，因为草一般都长在硬地上。如果实在不能确定，可投下几块石头，待石头落定后再找坚实的硬地落脚！

大家一定要紧跟着彼得和我！如果看见寸草不生的黑色平地，就更要小心了！

呼——鞋终于穿好了。

众人保持着平行四边形的队形，在沼泽地里小心地前进着。

数学侦探时刻：

福尔摩斯神探：众人保持着平行四边形的队形……小精灵，请告诉我什么是平行四边形。

克鲁德（大大地松了口气）：哇，终于不用算数了！

小提示：

克鲁德小精灵：

在同一平面内两组对边分别平行的四边形叫作平行四边形，矩形、菱形、正方形是特殊的平行四边形。有一个角是直角的平行四边形叫作矩形。有一组邻边相等的平行四边形叫作菱形。有一组邻边相等且有一个角是直角的平行四边形是正方形。

49

知识链接：

平行四边形的性质：

1.如果一个四边形是平行四边形，那么这个四边形的两组对边分别相等。简述为"平行四边形对边相等"。

2.如果一个四边形是平行四边形，那么这个四边形的两组对角分别相等。简述为"平行四边形对角相等"。

3.如果一个四边形是平行四边形，那么这个四边形的邻角互补。简述为"平行四边形邻角互补"。

4.夹在两条平行线间的平行线段相等。

5.如果一个四边形是平行四边形，那么这个四边形的两条对角线互相平分。简述为"平行四边形的对角线互相平分"。

第六章

泥潭救人

爸爸！彼得叔叔！救救我！

佩恩，别乱动！你越挣扎就会陷得越快！

我快喘不过气了……爸爸，我没力气了……我的手动不了了……

彼得取出电棍平放在地面上，自己也趴了下来，用手握着电棍向佩恩的方向挪动。克里斯也卧倒在地，一点点向前挪动着。

淤泥太紧，这样佩恩根本出不来！得想办法把淤泥挖开！

大家像几条线段一样趴在沼泽地里一起动手，用手挖了十几分钟淤泥后，佩恩的肩膀逐渐露了出来。

佩恩，忍耐一会儿。不拴绳子会继续下陷的。

大家沉默着继续挖淤泥，佩恩的腰也露了出来。

大家趴在地面上一起拉动绳子！我喊一、二、三！

众人一起用力，终于将佩恩从沼泽中拽了出来。

哎呀……太难受了！这真是个鬼地方！

还好没有受伤，只是看起来有些虚弱。

迪诺！这里！从这里游出来！

迪诺，你没事吧？

还好，我们继续前进吧！

这样你们会感冒的！我们先找个地方生堆篝火，把衣服烘干了再走！

大家谁也没有留意，离他们不远处，正有人跟着他们。

数学侦探时刻：

福尔摩斯神探：你们像几条线段匍匐在沼泽里……当时的情形一定惊心动魄！

克鲁德（表情惊恐）：我这么聪明可爱的小精灵，差一点儿就被那臭泥潭吞没了……喂，神探，你那是什么表情，怎么笑得跟朵花儿似的？此刻你该表示难过和担心才对！

小提示：

克鲁德小精灵：

直线上两个点和它们之间的部分叫作线段，这两个点叫作线段的端点。

连接两点间线段的长度叫作这两点间的距离。

端点 ●————● 端点

线段

知识链接：

线段是由无数个点组成的。线段两端都有端点，不可延长，有别于直线、射线。

线段的特点：

1.有限长度，可以测量。

2.有两个端点。

3.具有对称性。

4.线段的距离是两点之间的长度。

在连接两点的所有线中，线段最短，简述为"两点之间线段最短"。所以三角形中两边之和大于第三边。

比较线段长短的方法：

1.度量法：用刻度尺测量每条线段的长度。

2.重叠法：将两条线段的一个端点重合，另一个端点落在此重合端点的同一侧，根据另一个端点的位置来比较线段的长短。

第七章

幽灵城堡

数学侦探时刻：

福尔摩斯神探：两扇分别画着一条射线和一条直线的黑门豁然出现在眼前……哇，小精灵，想不到这个怪人这么喜欢数学！

克鲁德（冷哼一声）：神探，现在评价还为时过早，你接着看！比起数学，他还有更热衷的东西！

小提示：

克鲁德小精灵：

直线向两方无限延伸，无法度量长度，经过两点有且只有一条直线，而两条直线相交只有一个交点。

直线上的一点和它一侧的部分就是射线，这个点叫作射线的端点。射线只能向一方无限延伸，无法度量长度。

知识链接：

直线是几何学基本概念，是点在空间内沿相同或相反方向运动的轨迹。直线由无数个点构成，是轴对称图形，而且有无数条对称轴。在一条直线上做垂线，以直线和垂线的交点为端点，直线可以看作两条方向相反的射线，将一条射线沿这条垂线折叠，这两条射线就重合了。所以说，直线有无数条对称轴。在同一平面的两条直线之间，有平行、相交（包括垂直）、重合三种位置关系。

而在同一平面内，两条射线之间，有平行、相交（包括垂直）、不相交、重合四种位置关系。

直线和射线的共同点是它们都是无限延长的，区别是直线可以向两端无限延伸，射线只能向一端无限延伸。

平行

相交

重合

第八章

城堡里的房间

咯吱——

大家小心地推开房间的门，不由得倒吸了一口凉气。只见整个房间都刷着鲜红的油漆，连书柜也是红色的。房间的正中放着一个造型古怪的浴缸。

真奇怪……为什么会在这里放置浴缸呢？这个幽灵城堡的主人还真是个名不虚传的怪人！

71

你们听到什么声音没有？像是高跟鞋在敲击地面……

传说这座幽灵城堡闹鬼，总是在半夜里发出奇怪的声响……不过别紧张，这个世界上根本没有鬼！

嗒……嗒嗒……嗒嗒嗒……

有我在，不用怕。

跟我一起四处看看吧，反正来都来了。

那里有扇大门。咦？大门上画了一个锐角。

过去看看！

沉重的大门被缓缓推开了，发出一声低吟，在漆黑的夜里显得格外恐怖，大家顿时紧张起来了。

大门后是一个露天的长廊，四周的树叶左右晃动，就好像人的手在挥舞，地上的影子也奇怪地移动起来。大家紧张地往前挪动着，前方突然出现了一个黑影，举着火把。

刚才那个，是人还是幽……幽灵？

数学侦探时刻：

　　福尔摩斯神探：咦？小精灵，怪人在大门上画了一个锐角？他真是太热爱数学了！

　　克鲁德（捂着嘴暗笑）：神探，你继续往下看，就明白他真正热爱的是什么啦！

小提示：

　　克鲁德小精灵：

　　锐角是指大于0°而小于90°的角。两个锐角相加不一定大于直角，但一定小于平角。

　　当一条直线和另一条直线相交所成的邻角彼此相等时，这些角就叫作直角。直角等于90°。

　　大于90°且小于180°的角叫作钝角。

　　等于180°的角叫作平角。

　　等于360°的角叫作周角。

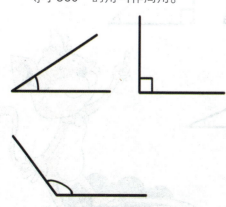

知识链接：

　　锐角是劣角。大于0°且小于平角的角叫作劣角，锐角、直角、钝角都是劣角。大于平角且小于周角的角，叫作优角。

　　三个角都是锐角的三角形叫作锐角三角形。一个三角形如果有一个角是钝角，这个三角形就叫作钝角三角形。一个三角形如果有一个角是直角，这个三角形就叫作直角三角形。三角形的三个内角和为180°。

　　锐角三角形的特点：

　　1.锐角三角形的三个角都是锐角。

　　2.锐角三角形的每条高均在三角形内。

第九章

马丁的美食

大家小心地走上楼梯。迎面看到一个大房间，房间的门敞开着，露出里面漆成黑色的墙壁。

真叫人失望——幽灵城堡里竟然没有幽灵！

你看，墙上是什么？！

克里斯和彼得不约而同地用手电照向墙壁，只见一个黑影一扫而过。

我们赶紧离……离开这里吧！

丽莎，这个世界上根本没有什么幽灵。一定是有人在搞鬼！

喂，你能不能看着点儿？真没想到大猩猩竟然也怕幽灵！

马丁心有余悸地往迪诺身后躲，却突然嗅到一股香味儿，紧接着表情一僵。

哇，好神奇啊！这只大猩猩刚才吃了什么？雪颜什么？

大家惊恐地转身，只见一个穿着怪异的老头儿正站在他们身后，两只眼睛露出孩子般的好奇，不停地打量着马丁。

雪颜丹。你是这古堡的怪……主人？刚才那个举着火把的黑影就是你吧？

数学侦探时刻：

福尔摩斯神探（兴奋地）：贝吉塔长得太有创意了！嘴巴竟然像个梯形！我好想见见长得这么有创意的人。

克鲁德（撇嘴）：我向你保证，这个愿望实现的时候，也将是你无比后悔的时候！

小提示：

克鲁德小精灵：

梯形是指一组对边平行而另一组对边不平行的四边形。平行的两边叫作梯形的底边，长的一条底边叫下底，短的一条底边叫上底。不平行的两边叫腰，夹在两底之间的垂线段叫梯形的高。

知识链接：

两腰相等的梯形叫等腰梯形。等腰梯形是一种特殊的梯形，它的上下两底平行。梯形的中位线（两腰中点相连的线叫作中位线）平行于两底并且长度等于上下底和的一半。

等腰梯形的性质：

1.等腰梯形的两腰相等。

2.等腰梯形在同一底上的两个内角相等。

3.等腰梯形的两条对角线相等。

4.等腰梯形是轴对称图形，只有一条对称轴，即上下底中点的连线所在的直线(过两底中点的直线）。

一腰垂直于底的梯形叫直角梯形，它有两个角是直角。

梯形的面积公式：（上底＋下底）×高÷2。

第十章

古堡怪人

你愿意做我的第N个太阳吗?

原来你故意跟我作对,是因为喜欢上我了。

别误会,我还没说完呢……如果你愿意,请与我保持929558860.7千米的距离!

这句话不是我的专利吗?怪人怎么也会?

英雄所见略同吧……

丽莎和佩恩早忘记了害怕,饶有兴味地看着那两个家伙斗嘴。安得烈捧着肚子,笑得前仰后合。克鲁德摆出一副唯恐天下不乱的神情,在怪人身旁呐喊助威。

数学侦探时刻：

福尔摩斯神探（哈哈大笑）：小精灵，我错过了好精彩的场面！想不到怪人竟然如此幽默！929558860.7，你知道这个数到底有多大吗？怎么读？

克鲁德（不服气地）：不就是个大数吗？只是多了个小数而已！这怎么能难倒我这个数学天才！

福尔摩斯神探（疑惑地）：数学天才？你是在说自己吗？我怎么不知道？

小提示：

克鲁德小精灵：

数级是便于人们记、读阿拉伯数字的一种识读方法，在位值制（数位顺序）的基础上，以三位或四位分级的原则，把数读、写出来。该数被划分为几级，即为含几级的数。

我国的读数方法通常为四位分级法。先把929558860.7的整数部分按四位一级进行划分，变为9/2955/8860.7，该数即为含三级的数。然后从高位读起，读完亿级加"亿"字，其他要求和亿以内数的读法相同，即每级末尾的0不读，中间有一个或连续几个0时只读一个"零"。后面有小数的部分照读即可。

所以该数读作：九亿二千九百五十五万八千八百六十点七。

知识链接：

　　写亿以上的数时，先从高位开始，关键是弄清楚每个数位上的数是几，对于没有数的数位都要写0来占位。比如要求写出由5个亿、5个百万、5个十万和5个一组成的数：

　　先写出数位顺序表，然后各个数位上的数是几，就在相应数位上写几，哪一个数位上没有数，就写0来占位。

……	亿位	千万位	百万位	十万位	万位	千位	百位	十位	个位
	5	0	5	5	0	0	0	0	5

　　这个数就是505500005。

　　我们可以用一个顺口溜来表示：

　　亿以上数真不小，读写改写很重要。

　　从高到低读写好，每级数位别忘掉。

第十一章

两个怪物的战争

了解一个人要从很多角度去观察，就像你吧，从好的方面看像个老太太，从侧面看像个大猩猩，从30度角看像个妖怪，从60度角看像个魔头……看，我多了解你。

是谁刚才说唾沫是帮助咀嚼食物的，不是用来讲理的？这会儿怎么唾沫比我喷得还要多？

这两位都挺特别的！

这怪人，果然名不虚传！

哇，你真是个好学生！

过几天我的幽灵城堡就过生日了，我得给它准备一个生日聚会。不过准备起来挺烦心的。

这是我从附近的两家超市问到的商品价格，现在让我烦恼的是，在哪个超市购买更划算呢？

商品	A超市			B超市		
	总价	数量	单价	总价	数量	单价
荧光棒	160	20袋		198	22袋	
蜡烛	280	40袋		336	42袋	
牛奶	990	30箱		928	29箱	
巧克力	180	10盒		266	14盒	

这也太难了！能不能换个容易点儿的？

跟我讨价还价？行啊，那我能不能放弃你这个猩猩脸的大难题，换个容易点儿的病号来？

怪爷……不，老爷爷，如果我能帮您解决这个难题，您能否给我们治疗怪病？

我有那么老吗？叫我叔叔就行啦！

他的目光陆续落在丽莎和佩恩几个人的胳膊上，眼睛里闪着兴奋的光芒。

哇，今天好热闹！先来了一只我从来没见过的白猩猩，又来了一个长龅牙的猩猩脸，现在又来了一群感染了奇怪病菌的倒霉蛋！

我们同时出现的好不好？

哇，竟然还有只会说话的猴子！今晚真是太热闹啦！

数学侦探时刻：

福尔摩斯神探：小精灵，除数是两位数的除法，你会算吗？

克鲁德（用力吸气）：问题是，只是计算出除数是两位数的除法，只算回答出一半问题……哎呀，这个怪人自己住在幽灵城堡里，为什么还要那么麻烦地搞什么聚会？

小提示：

克鲁德小精灵：

想知道同样的商品，从哪个超市购买更划算，需要先算出商品的单价来。单价是指一个数量单位商品的价格。单位价格是相对于总价而言的，通常单价乘以数量等于总价。

由此，得出8个除数是两位数的除法算式：

	荧光棒	蜡烛	牛奶	巧克力
A超市：	$160 \div 20 = 8$	$280 \div 40 = 7$	$990 \div 30 = 33$	$180 \div 10 = 18$
B超市：	$198 \div 22 = 9$	$336 \div 42 = 8$	$928 \div 29 = 32$	$266 \div 14 = 19$

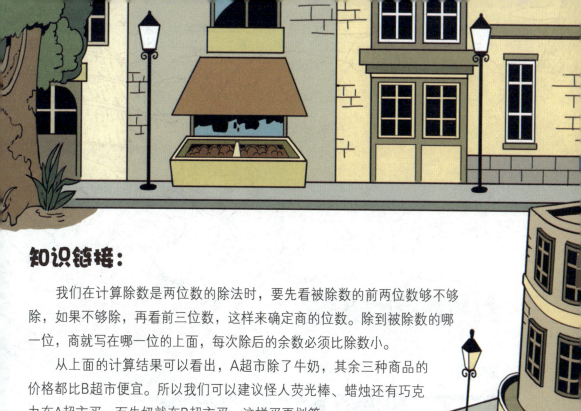

知识链接：

我们在计算除数是两位数的除法时，要先看被除数的前两位数够不够除，如果不够除，再看前三位数，这样来确定商的位数。除到被除数的哪一位，商就写在哪一位的上面，每次除后的余数必须比除数小。

从上面的计算结果可以看出，A超市除了牛奶，其余三种商品的价格都比B超市便宜。所以我们可以建议怪人荧光棒、蜡烛还有巧克力在A超市买，而牛奶就在B超市买。这样买更划算。

生活中的很多问题都可以运用数学知识来解决。希望小朋友在生活中能灵活应用数学知识，做一个聪明的消费者！

第十二章

女巫的新机会

现在能给我们治病了吗？

怪人从口袋里抓出一块泡泡糖放进嘴里。

小女孩儿可以了，但你不行。只有通过我考验的人，才有资格获得治疗。

脸皮真够厚的！那能叫抢吗？明明是你的数学一塌糊涂，根本回答不出神医的问题好不好？

不公平！这个臭丫头插队！明明说好是考我的题目，却被她抢走啦！

那我就再给你一次机会。

在全部漆成绿色的书房里，怪人煞有介事地在杂乱的书桌上翻找起来。

先别急着下结论好不好？我还有好多房间是五颜六色的呢！咦？我放在这里的那本书哪儿去啦？

每个房间一种颜色？

老爷爷……不，叔叔，你在找什么？我能帮忙吗？

哇，我记起来啦！这道题目是我吃早餐的时候想出来的，所以放在厨房了。

五颜六色的厨房里，怪人翻箱倒柜折腾了半天，最后拿出一张皱巴巴的纸递给贝吉塔。

一只平底锅只能煎两条鱼，用它煎1条鱼需要4分钟，正反面各两分钟。那么，煎3条鱼至少需要几分钟？怪人大哥，我不会做饭啊！您怎么拿一道做饭的题目考我呀？呜呜……

玛丽委屈地抿抿嘴，想表明她是女巫的厨师，很辛苦的！可是慑于贝吉塔的表情，她最后还是没敢吭声。

别乱叫，你看起来比我老多了，好不好！不会做饭？那你平时吃什么？树叶？

贝吉塔，这个问题你回答不出来对吧？那我挺身而出啦！神医，这个问题就让我来回答吧！

数学侦探时刻：

福尔摩斯神探：小精灵，一只平底锅上能煎两条鱼，用它煎1条鱼需要4分钟，正反面各两分钟。那么，煎3条鱼至少需要几分钟？你计算出的答案是多少？

克鲁德：神探，我虽然不会做饭，但这个问题难不倒我。

小提示：

克鲁德小精灵：

想节约时间，让锅中始终有两条鱼在煎是关键。

第一步：煎鱼A和鱼B的正面，两分钟。

第二步：煎鱼A的反面，把鱼B取出来，放入鱼C，煎两分钟。

第三步：此时鱼A已经煎好，鱼C煎好一面。把鱼A取出，放入鱼B煎另一面，同时把鱼C翻转过来，煎另一面。

两分钟后，鱼B和鱼C的反面就都煎好了。此时总计用了三个两分钟，也就是6分钟。

所以煎3条鱼至少需要6分钟。

知识链接：

在这里，我们用到了统筹的方法来提高效率。统筹就是统一地、全面地筹划安排，是一种安排工作进程的数学方法。它的适用范围极为广泛，主要是把工序安排好。

合理统筹安排时间和工序，可以帮助你把每一天、每一周甚至每个月的时间有效地合理安排。而运用这些时间管理技巧来统筹时间，并根据工序的先后合理安排先做什么、后做什么，对每个人来说都是非常重要的。

第十三章

回答不出问题的教授

教授也不过如此嘛……你是警察吧？怎么，想威胁我就范？哼，看来我不动手打你，你就不知道我文武双全！

怪人转过身直瞪着彼得。

怪人拿着一个炒菜的铲子，对准彼得冲了过去。彼得恼怒地举起手枪瞄准了怪人，克里斯赶紧上前阻止。

彼得，别冲动！你要是打伤他，他就不能为迪诺治疗了。

教授比警察可爱多啦！看在你这么可爱的分儿上，我就再给你一次机会。

怪人露出狡黠的笑容。

	乒乓球	足球	羽毛球	游泳	跳绳
男生	17	19	16	13	12
女生	18	9	20	15	14

教授，请根据以上数据制成复式条形统计图。还有，告诉我喜欢哪个项目的人最多，喜欢哪个项目的人最少。

数学侦探时刻：

福尔摩斯神探：这个怪人还真是个数学迷！

克鲁德（牙疼似的咧开嘴巴）：神探，你已经第N次赞美怪人是数学迷了！可惜，这个结论下得还是太早！

小提示：

克鲁德小精灵：

统计图与我们的生活是密切相关的，它能帮助我们解决很多问题。统计图是利用点、线、面、体等绘制成几何图形，以表示各种数量间的关系及其变动情况的工具。

常用的统计图有象形统计图、条形统计图、折线统计图、扇形统计图等。在统计学中把利用统计图形表现统计资料的方法叫作统计图示法。

知识链接：

统计图的特点是：形象具体、简明生动、通俗易懂、一目了然。其主要用途有：表示现象间的对比关系、揭露总体结构、检查计划的执行情况，等等。

复式条形统计图是用一个单位长度表示一定的数量，根据数量的多少画成长短不同的直条，然后把这些直条按一定的顺序排列起来。从复式条形统计图中很容易看出两者数量的多少。

复式条形统计图的特点：

用直条的长短表示数量的多少，能清楚地看出数量的多少，便于比较两组数据的大小。

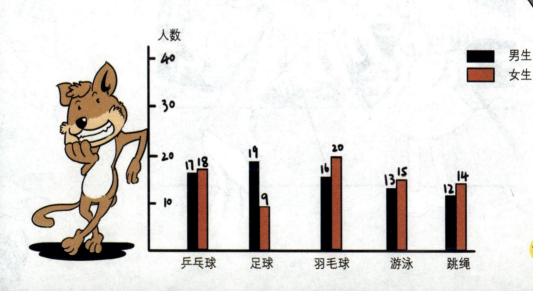

第十四章

唯一的弱点

不公平啊！神医大哥，我不喜欢运动啊！所以我不知道！

这跟喜不喜欢运动一点儿关系也没有好不好！贝吉塔，你的智商越来越像马丁啦！

看在你态度诚恳的分儿上，我就再给你一次机会。

你人真好！

我被绕晕了……神医大哥，为什么你出的题目不是吃就是运动啊？再说了，干吗非要吃西红柿炒鸡蛋？白水煮鸡蛋味道最好啦！

我最喜欢西红柿炒鸡蛋啦，而做这道菜需要几道工序：敲蛋（0.5分钟）、搅蛋（0.5分钟）、洗西红柿（1分钟）、切西红柿（1分钟）、刷锅（1分钟）、烧热锅（1分钟）、烧热油（2分钟）、炒西红柿炒蛋（3分钟）。请问：做这道菜最少要多少分钟？

此时迪诺的呻吟声越来越微弱，他脸色惨白，逐渐陷入了昏迷。彼得按捺不住，又想拔枪威胁怪人，被克里斯用力拽住。

神医，我的朋友已经昏迷了，再不治疗就来不及了！他现在这个样子根本无法回答你的问题，求求你让我把我的机会让给他吧！

一直躲在旁边的马丁突然眼前一亮，一边眼巴巴地看着厨房里的各种蔬菜和水果，一边笨拙地朝着丽莎跑去。

马丁，现在最重要的是救迪诺，回头我一定给你做好吃的！

姐姐，给我做好吃的。你早就答应过的！

116

好吃！太好吃了！你们下道菜准备做什么？

扑鼻的香气四溢开来，丽莎小心地端着刚烤好的比萨向餐桌走去，怪人笑逐颜开地跟了上去，迫不及待地掰下一块儿往嘴里塞去，马丁兴奋地把怪人撒在餐桌上的一点儿比萨配菜舔得干干净净。

克里斯和安得烈焦灼地看了一眼躺在彼得身边的迪诺，交换了一下眼神。

我们有个条件！你先医治迪诺！他一清醒我们马上给你做下一道菜！

这不符合统筹安排！我们现在一起动手，你们做饭，我救人！这样等那个家伙醒了，我就可以吃第二道菜啦！

数学侦探时刻：

　　福尔摩斯神探：哈哈哈！小精灵，原来怪人最热衷的是美食呀！上面西红柿炒鸡蛋总共要花10分钟。你有办法缩短这个时间吗？

　　克鲁德（不屑地撇撇嘴）：这个很容易呀！其实制作这道菜只需7分钟。

　　福尔摩斯神探：我看你吹牛最在行。

小提示：

　　克鲁德小精灵：

　　你可别小看我，只要烧锅和烧油的同时敲蛋和搅蛋，洗西红柿和切西红柿即可。这样就节约了3分钟。因此制作这道菜只需7分钟。

知识链接：

统筹安排包括了一个过程的五个步骤：统一预测——统一计划——统筹实施——统一指挥——统筹掌控。简单点儿说，就是时间和工序管理。

完成一件事情怎样合理安排才能做到用时最少，效果最佳？这类问题在数学中属于统筹问题。解决此类问题时，必须树立统筹思想，能同时做的事尽量同时做。

第十五章

不错的提议

白色的治疗室里面摆满了各种瓶瓶罐罐。怪人像换了一个人一样，小心而仔细地检查着迪诺的伤口，嘴巴里嘀嘀咕咕地说着什么，眼睛里闪烁着兴奋的光芒。

彼得叔叔，他的医术真的有那么好吗？

彼得没说话，看了一眼倚着墙壁昏昏欲睡的玛丽、戴维和艾伯特。

丑八怪，出去！领着你的瞌睡虫们滚出去！我最讨厌工作的时候被打扰了！更不喜欢吃瞌睡虫做的食物！

还傻站在那里做什么？赶紧去厨房做道拿手菜！让神医大哥吃饱再给我治脸！

怪人小心地给迪诺清理溃烂的伤口，然后抹上一种透明的药膏。他从一个木盒里取出一些药片，小心地喂给迪诺。班奈特他们看着怪人专注的样子不敢打扰，安静而焦急地站在一旁。

过了一会儿，迪诺手臂上的斑点渐渐变淡，最后消失不见了。迪诺的睫毛动了几下，慢慢睁开了眼睛。

你醒了？这个怪人的医术还真不错！

没礼貌！该你啦！我很好奇，你们到底是怎么感染这种细菌的。

123

想不到除了幽灵城堡，还有这么好玩儿的地方！

怪人不经意间一巴掌抢在彼得的鼻子上，疼得警察先生尖声怪叫起来。

克鲁德唾沫星子飞舞，把事情的经过讲了一遍。

不怪我，是你的鼻子长得有点儿高，不符合标准尺寸。反正你的伤口已经处理好了，去换那个小丫头和小胖子来吧！

彼得气呼呼地走了，迪诺舒展了一下手臂，发现伤口一点儿也不疼了，不由得又惊又喜。

谢谢您治好了我！不过要是您能告诉我，幽灵城堡那个画着直线的门后面有什么，我就感激不尽了！

哇，没想到有人比我还好奇！

厨房里摆好了4道美食，散发着诱人的香味儿。马丁的腮帮子鼓得老高，眉开眼笑地咀嚼着嘴里的食物。

谢谢您治好了我们！

数学侦探时刻：

福尔摩斯神探：小精灵，你们后来知道那扇画着直线的门后面是什么了吗？

克鲁德（没好气地）：好奇是神探和神医的职业病吗？别跑题，我们还要继续研究合理统筹安排时间呢！

小提示：

克鲁德小精灵：

比如想泡壶茶喝，当时的情况是只有火炉已经生好，但没有开水，水壶、茶壶、茶杯都是脏的。接下来我们该怎么办？怎样安排才能最合理利用时间？

办法A：洗好水壶，灌上凉水，放在火上；在等待水开的时间里，洗茶壶、茶杯，拿茶叶；等水开了，泡茶喝。

办法B：先做好一些准备工作，洗水壶，洗茶壶、茶杯，拿茶叶；一切就绪，灌水烧水；待水开了泡茶喝。

办法C：洗净水壶，灌上凉水，放在火上，等待水开；水开了之后，急急忙忙找茶叶，洗茶壶、茶杯，泡茶喝。

哪一种办法最节省时间？我们一眼就看出A办法最好，而其他两种办法都浪费了一些时间。

知识链接：

　　比如泡茶喝，水壶不洗，不能烧开水，因而洗水壶是烧开水的前提，而没开水，不洗茶壶、茶杯，就不能泡茶，这些又是泡茶的前提。

　　如果要缩短工时、提高工作效率，应当主要抓烧开水这个环节，而洗茶壶、茶杯和拿茶叶，大可利用等水开的时间来做。

　　近代工业错综复杂的工艺过程，往往就不像泡茶喝这么简单了。任务几百几千，甚至几万，如果没有安排好先后次序，往往会因为一两个零件的耽搁，导致一整台机器出厂时间的延误。